G. Hermann Jonas TAPSOBA

Virulência de Candida tropicalis : estudo experimental

G. Hermann Jonas TAPSOBA

Virulência de Candida tropicalis : estudo experimental

Estudo da virulência de uma estirpe telúrica de Candida tropicalis utilizando o modelo Galleria mellonella

ScienciaScripts

Imprint

Cover image: www.ingimage.com

This book is a translation from the original published under ISBN 978-620-6-71345-6.

Publisher:
Sciencia Scripts
is a trademark of
Dodo Books Indian Ocean Ltd. and OmniScriptum S.R.L publishing group

120 High Road, East Finchley, London, N2 9ED, United Kingdom
Str. Armeneasca 28/1, office 1, Chisinau MD-2012, Republic of Moldova, Europe
Managing Directors: Ieva Konstantinova, Victoria Ursu
info@omniscriptum.com

Printed at: see last page
ISBN: 978-620-8-62466-8

DEDICAÇÃO

Dedico este trabalho a :

√A Deus, Pai Celestial!

A ti, a quem devo este sopro de vida, agradeço a saúde e a força que me dás noite e dia para ajudar os que precisam de cuidados.

√Para o meu falecido pai, Capitão Joseph M. P. TAPSOBA, In Memoriam

Pai, levá-lo-ei sempre nos meus pensamentos piedosos. Orgulha-te do teu filho.

√Para a minha querida mãe, Marcelline KOAMA

Não se poupa a esforços para apoiar os seus filhos moral, física e espiritualmente. Que o Pai Celestial vos conceda uma vida longa para que possamos sempre beneficiar dos vossos conselhos.

***√À minha pequena família: a minha mulher Aissata OUEDRAOGO, os meus filhos Syntiche Aurélia e Naelle Assumpta**. Vocês são a razão da minha luta sócio-profissional; amo-vos.*

AGRADECIMENTOS

Este trabalho é o fruto de uma constelação de apoios na minha pessoa; os meus sinceros agradecimentos

√***Às minhas irmãs e irmãos*** *Armelle, Nadia, Floriane, Félicia, Alain*

√***Ao pessoal do Serviço de Parasitologia-Micologia do CHU-YO****, que foi sempre cortês e disponível para me ajudar na minha formação.*

√***Ao Dr. Marcel P. SAWADOGO****, Pharmacien Parasitologiste, que co-orientou este trabalho, pela sua simplicidade e disponibilidade. Obrigado pela sua orientação.*

√***Ao Dr. Adama ZIDA (MCA)****, Farmacêutico Parasitologista, Chefe do Serviço de Parasitologia-Micologia do CHU/YO e Director da nossa dissertação, pela sua disponibilidade e pelo seu conhecido rigor no trabalho. Obrigado pela vossa orientação.*

√***Dr. Clément KAFANDO,*** *farmacêutico, pelo seu dinamismo e apoio técnico para este trabalho.*

√***Aos meus amigos, colegas e outros colaboradores****.*

AOS NOSSOS SENHORES E JUÍZES

Ao nosso professor e supervisor, ***Dr. Adama ZIDA (MCA)***

É

- ***Farmacêutico, antigo estagiário nos Hospitais de Ouagadougou;***
- ***Professor associado de Parasitologia-Micologia na URF/SDS da Universidade Professor Joseph Ki-ZERBO;***
- ***Chefe do Serviço de Parasitologia-Micologia do CHU-YO ;***
- ***Contacto técnico para as doenças tropicais negligenciadas.***

Caro Mestre,

A pequena história de cumplicidade entre nós remonta há dez anos, quando bati à porta do seu gabinete e me recebeu de braços abertos, quando eu era um interno no final do meu curso de Medicina Geral e Familiar, apaixonado pela Parasitologia-Micologia e o senhor era um jovem Chefe de Departamento. Não hesitou em acompanhar-me dia e noite para que a minha tese de doutoramento fosse aceite com grande honra. Na mesma linha, foi o nosso orientador para este trabalho. Admiramos a sua paixão e o seu rigor pela ciência. Além disso, é para nós um confidente, sempre pronto a ouvir e a dar conselhos úteis. Aproveitamos a oportunidade para o felicitar pelo seu sucesso no concurso de agrégation CAMES em 2020.

Que o Senhor lhe conceda a si e à sua família saúde, paz e felicidade.

Ao nosso professor e codiretor da dissertação, ***Dr. Patindoilba Marcel SAWADOGO***

É

- ***Ex-estagiário nos Hospitais de Ouagadougou,***
- ***Assistente de Parasitologia-Micologia da Unidade de Formação e Pesquisa em Ciências da Saúde (UFR/SDS) da Universidade Joseph KI-ZERBO,***
- ***Especialista da OMS em microscopia da malária.***

Caro Mestre,

Não hesitámos um só momento em abordá-lo para discutir o tema da nossa memória atual. Foi para nós um verdadeiro prazer trabalhar consigo neste projeto, num ambiente amigável, rico em trocas de impressões, conselhos e opiniões. A sua humildade, a sua simplicidade, o seu elevado sentido de preocupação com os seus vizinhos fazem de si uma personagem admirável.

Que o Senhor lhe conceda a si e à sua família saúde e felicidade.

ÍNDICE DE CONTEÚDOS

INTRODUÇÃO

Nas últimas três (03) décadas, houve um aumento significativo na incidência de infecções fúngicas em humanos [1]. Estas infecções podem ser superficiais, afectando a pele, o cabelo, as unhas e as membranas mucosas, ou sistémicas, envolvendo vários órgãos do corpo [2]. Vários factores parecem estar envolvidos neste aumento da frequência das infecções fúngicas, mas é geralmente aceite que o aumento e a utilização inadequada de certas práticas médicas, como as terapias imunossupressoras, os procedimentos cirúrgicos invasivos e a utilização de antibióticos de largo espetro, são importantes [3, 4, 5]. Entre os fungos patogénicos para o homem, os do género Candida são os mais frequentemente encontrados. O género Candida contém mais de 150 espécies heterogéneas [6]. A Candida albicans foi descrita como a espécie mais frequentemente associada a infecções fúngicas em seres humanos. No entanto, outras espécies de Candida para além da C. albicans tornaram-se uma causa importante de candidíase profunda e sistémica em infecções nosocomiais, incluindo a C. tropicalis. A nível mundial, a C. tropicalis é responsável por 3 a 66% dos isolados sanguíneos de Candida [7, 8, 9] e em muitos hospitais é a segunda espécie de Candida mais comum. Esta variabilidade na prevalência depende da localização geográfica: Na Índia, 67 a 90% dos casos de candidemia foram devidos a espécies diferentes de C. albicans e C. tropicalis foi a mais dominante [13, 14]. Nas regiões tropicais, a C. tropicalis continua a ser uma das principais causas de infecções por leveduras. Em Abidjan (Costa do Marfim), C. tropicalis e C. albicans são as principais causas de vulvovaginite [10]. Em Burkina Faso, em 2017, Sangaré et al[15] isolaram Candida tropicalis em Bobo Dioulasso como a segunda espécie de Candida não albicans mais comum associada à vulvovaginite por candidíase em mulheres grávidas[11]. Podem ser utilizados vários métodos animais para estudar a patogenicidade da Candida:

sistemas invertebrados e sistemas vertebrados. Os sistemas de invertebrados, tais como Galleria mellonella, Caenorhabditis elegans, Bombyx mori e Drosophila melanogaster, oferecem uma série de vantagens em relação aos sistemas de vertebrados, principalmente porque permitem o estudo de estirpes sem as considerações éticas associadas aos estudos em invertebrados [16].

Escolhemos o modelo de inseto G. mellonella devido à sua facilidade de manuseamento e cultura. Este modelo deu resultados comparáveis aos obtidos com modelos de mamíferos [16].

Dados recentes sugerem que o sistema imunitário da G. mellonella é bom em comparação com o de outros invertebrados e é semelhante ao dos vertebrados, uma vez que tem uma resposta imunitária celular e humoral à infeção [16].

Além disso, as larvas de Galleria mellonella evoluem num ambiente aeróbico a temperaturas entre 15° C e 37°C, tornando possível estudar a patogenicidade das leveduras à temperatura do corpo humano, enquanto que outros invertebrados não podem geralmente ser mantidos a temperaturas superiores a 30°C [17].

No Burkina , os estudos sobre a virulência de Candida utilizando o modelo invertebrado estão numa fase preliminar. O objetivo do nosso estudo é avaliar a virulência in vivo de uma estirpe telúrica de C. tropicalis utilizando o modelo de G. mellonella.

PARTE I

INFORMAÇÕES GERAIS

I. Candida tropicalis

I.1. Caraterísticas microbiológicas

I.1.1 Taxonomia / Classificação

A classificação dos fungos evoluiu consideravelmente. Remonta a 2000 [18]:

Reino: Cogumelos

Filo : Ascomycota

Classe: Hemiascomicetes

Ordem: Saccharomycetales

Família: Candidaceae

Género: Candida (Berkhout, 1923)

O género Candida compreende cerca de 200 espécies, sendo as mais comuns encontradas na patologia humana: C. albicans, **C. tropicalis**, C. glabrata, C. krusei, C. guilliermondii, C. parapsilosis, C. kefyr e C. dubliniensis [19, 20].

I.1.2. Caraterísticas morfológicas e culturais

C. tropicalis é uma levedura aeróbica, não capsulada e não pigmentada. Em meio Tween Agar 80, após 72 horas de incubação a 25°C, produz blastosporos ovais (4-8mm) com a formação ocasional de pseudomicélios e até micélios verdadeiros [21]. Em CHROM-agar, as colónias de C. tropicalis aparecem em azul escuro.O quadro I apresenta as caraterísticas morfológicas distintivas de C. tropicalis e de outras espécies de Candida.

Tabela I: Caraterísticas morfológicas distintivas entre C. tropicalis e outras espécies de Candida [22].

Species	Tube of germination	Mycelium/ pseudomycelium	Yeast size (µm)	Colony colour on CHROM-agar
C. tropicalis	-	± /+	4-8 x 5-11	Dark blue
C. albicans	-	+ /+	4-6 x 6-10	Bluish green
C. parasilosis	-	- /+	2,5-4 x 2,5-9	white
C. glabrata	-	- / -	1-4	White, purple

I.2. Patogenicidade e factores de virulência

Os factores de virulência são aqueles que interagem diretamente com as células hospedeiras, causando danos. A patogenicidade é mediada por uma série de factores de virulência [23]. Foram propostos vários factores de virulência:

- **Adesão e formação de biofilme**: A superfície da célula fúngica é o local de interação com os tecidos do hospedeiro ou dispositivos médicos, levando à adesão da levedura. Esta adesão deve-se principalmente às proteínas de membrana da família das sequências semelhantes à aglutinina (ALS). Estas proteínas ligam-se a receptores específicos na superfície das células epiteliais (por exemplo, E-Caderina e N-Caderina para ALS 3 [24]. Ao ligarem-se às caderinas, estas moléculas de adesão podem igualmente induzir a endocitose da levedura ou do filamento pelas células epiteliais. A inativação da expressão destas proteínas por C. tropicalis é responsável por uma redução da adesão e da virulência em modelos murinos de infeção sistémica e localizada [25, 26]. A adesão ao epitélio desencadeia imediatamente a filamentação [27] e a secreção de proteases (aspartil proteases secretadas (SAP5 e SAP9)). Estas promovem a penetração dos filamentos miceliais nos tecidos.

- **Formação de pseudomicélio**: em geral, a transição da forma de levedura para a forma mais ou menos filamentosa está associada à virulência. Esta filamentação permite ao C. tropicalis invadir os tecidos e atingir a circulação geral. A partir deste momento, a reversão da forma filamentosa para uma forma de levedura permitir-lhe-á propagar-se à distância e estabelecer novos surtos.

- **Interferência com a fagocitose**: A C. tropicalis é capaz de produzir péptidos ácidos que podem inibir a ligação à fagocitose e o metabolismo oxidativo. Além disso, a levedura pode induzir a apoptose em macrófagos e neutrófilos, escapando assim às células do sistema imunitário [28,29].
- **Interferência com o complemento**: As adesinas fúngicas, relacionadas com o recetor CR3 nos linfócitos, podem ser refinadas para certos componentes da matriz plasmática, como a fibronectina, mas também para a fração C3bi do complemento, perturbando assim a fagocitose da levedura.
- **Enzimas:** a secreção de enzimas hidrolíticas durante a infeção promove a virulência ao degradar as superfícies da mucosa do hospedeiro e as suas defesas imunitárias. Estas enzimas são as aspartil proteinases (Saps), fosfolipases e lipases [30].

II. Galleria mellonella

II.1. Definição

A Galleria mellonella é um inseto ubíquo da família Lepidoptera. É nocivo para as colónias de abelhas melíferas europeias, Apis mellifera (L.), e foi utilizado como modelo animal não-mamífero na investigação biomédica no final da década de 1990 e início da década de 2000 [31].

II.2. Classificação / Taxonomia

A Galleria mellonella pertence à :

Classe: inseto

Ordem: borboleta

Família: pyralidae, lepidoptera

Género: Galeria

Espécies : Galleria mellonella

As larvas de G. mellonella podem causar danos significativos nos favos de cera que constituem a colmeia, alimentando-se deles [32].

II.3. Ciclo

Ocorre em 04 estágios: ovo, larva, pupa e imago ou borboleta adulta (Figura 1). Em condições ideais, o ciclo dura apenas 06 semanas, ou seja, 4 a 6 gerações por ano. Essa duração é altamente dependente de fatores ambientais e da disponibilidade de alimento [32, 33, 34, 35].

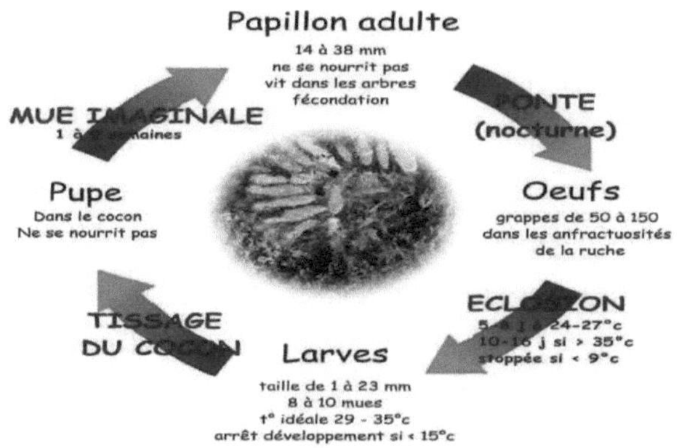

Figura 1: Ciclo de desenvolvimento de G. mellonella [32].

II.4. Morfologia

A figura 2 mostra a morfologia de G. mellonella em diferentes estádios larvares:

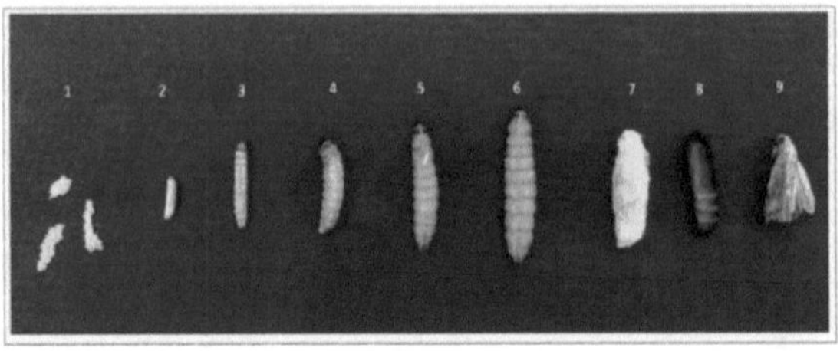

Figura 2: diferentes fases de desenvolvimento de G. mellonella [34]. (1): ovo aproximadamente: 10d. (2), 20D (3), 25D. (4), 35J. (5), 40 dias (6), pré-pupa (7), pupa (8) e adulto (9). D = dias

II.5. Sistema imunitário de G. mellonella

Vários estudos revelaram semelhanças entre o sistema imunitário inato da G. mellonella e o dos mamíferos [36]. Nos insectos, a primeira barreira à infeção é o invólucro exterior ou cutícula. Assim que um agente infecioso (bactéria, fungo ou vírus) atravessa esta parede, depara-se com dois tipos de resposta imunitária a resposta celular e a resposta humoral [37, 16]. Na hemocele, o equivalente ao sangue dos mamíferos, o microrganismo é reconhecido por células chamadas hemócitos, dos quais existem 06 tipos em G. mellonella: plasmócitos, granulócitos, esferulócitos, coagulócitos, adipohemócitos e oenocitócitos. Três mecanismos estão envolvidos na imunidade celular: nodulação, encapsulamento e fagocitose [36]. A resposta humoral é desencadeada simultaneamente. Tal como nos mamíferos, os TLR (Toll-like receptors), receptores da imunidade inata expressos pelas células da hemolinfa, reconhecem o elemento estranho; a sua ativação inicia a produção de péptidos antimicrobianos (AMP), pequenas moléculas capazes de atuar sobre uma vasta gama de microrganismos [38, 39].

O mecanismo mais visível da imunidade das larvas é a produção de melanina. Ao contrário dos humanos, a melanina na larva é o resultado de um processo de defesa contra os agentes patogénicos. Quando ocorre uma infeção, uma tirosinase é convertida na sua forma ativa, a fenoloxidase, que desencadeia uma cascata de respostas que culminam na produção de melanina. Esta cascata faz parte do sistema de coagulação larvar que é comum à maioria dos insectos e corresponde, nos mamíferos, à cascata do complemento que permite a coagulação [36].

II.6. Utilização médica de G. mellonella

Muito recentemente, as larvas de G. mellonella foram utilizadas para testar a patogenicidade de bactérias Gram-negativas e Gram-positivas (BGN e BGP) [40]. Até agora, estes testes têm sido efectuados em modelos de mamíferos, mas a facilidade de utilização de traças atraiu os investigadores para este tipo de análise. No entanto, este exemplo ilustra a potencial utilização de traças como modelo para o rastreio rápido e a identificação de bactérias potencialmente patogénicas numa população complexa. A caraterização dos genes responsáveis pela produção de factores de virulência é outro domínio em que as larvas podem ser úteis. Os investigadores da Universidade de Milão [41] utilizaram a G. mellonella para estudar o papel dos sistemas de importação de glucose na virulência da Pseudomonas aeruginosa. A melanização tem uma vantagem importante para o experimentador: permite-lhe seguir, a olho nu, a evolução da infeção em função da mudança de cor da lagarta. As larvas são também capazes de viver a temperaturas entre 15°C e 37°C, permitindo a incubação à temperatura de crescimento do microrganismo em estudo e/ou à temperatura do corpo humano. As vantagens da utilização de G. mellonella, as suas aplicações em medicina e os diferentes parâmetros analisados estão resumidos **na Figura 3**.

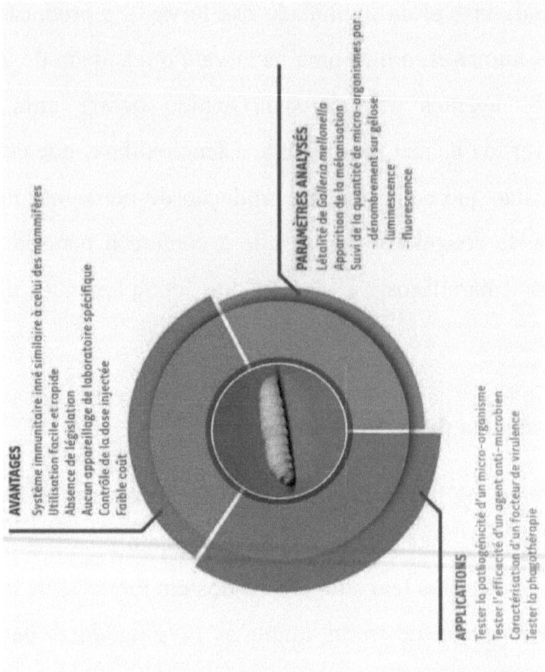

Figura 3: vantagens, aplicações e parâmetros analisados para G. mellonella [42].

PARTE II

O NOSSO ESTUDO

I. Metodologia

I.1. Objectivos

I.1.1. Objetivo geral

Avaliar a virulência in vivo da estirpe de Candida tropicalis telluric resistente à anfotericina B utilizando o modelo Galleria mellonella.

I.1.2. Objectivos específicos

- ► Determinar a taxa de melanização das larvas de G. mellonella após a injeção da estirpe telúrica de C. tropicalis ;
- ► Determinar a taxa de mortalidade das larvas de G. mellonella após a injeção da estirpe telúrica de C. tropicalis;
- ► Estimar a virulência in vivo da estirpe de C. tropicalis com base no número de UFC.

I.2. Tipo e período de estudo

Este foi um estudo prospetivo com o objetivo de avaliar a virulência in vivo da estirpe telúrica de C. tropicalis resistente à anfotericina B utilizando o modelo Galleria mellonella.

O estudo decorreu de julho a setembro de 2020.

I.3. Materiais e métodos

I.3.1. Materiais

O nosso material de estudo foi :

- **Larvas de G. mellonella**. Elas foram cultivadas no laboratório de parasitologia da UFR/SDS;

- **A estirpe telúrica de C. tropicalis**: foi selecionada aleatoriamente entre várias estirpes de C. tropicalis isoladas do solo em Ouagadougou.

I.3.2. Reagentes e meios para a cultura

Os reagentes e os meios de cultura foram compostos da seguinte forma:

- Solução salina tamponada com fosfato (PBS = solução salina tamponada com fosfato),

- Meio de extrato de levedura Peptona Dextrose (YPD),

- Meio Sabouraud + Cloranfenicol (SC).

I.3.3. Método

I.3.3.1. Condições de cultura das larvas de G. mellonella

Utilizámos quarenta larvas provenientes da reprodução de borboletas G. mellonella do Institut de Recherche en Santé (IRS) 2 da Universidade de Nantes (França). As condições em que estas larvas foram criadas foram rigorosamente observadas. Foram incluídas no nosso estudo larvas saudáveis com um peso compreendido entre 280 e 320 mg. As larvas doentes (ou seja, as larvas com manchas escuras ou melanização aparente) e as que pesavam menos do que a quantidade requerida não foram incluídas.

I.3.3.2. Método de identificação de estirpes de C. tropicalis

As amostras de solo foram colhidas em vários locais do arrondissement N°3 da cidade de Ouagadougou **(Figura 4)**. As coordenadas GPS do local de onde provém a nossa estirpe são "12°20'04.9"N 1°34'13.2"W". As diferentes estirpes de leveduras, incluindo a C. tropicalis, foram isoladas de acordo com o seguinte protocolo **(Figura 5)**:

Figura 4: Localização geográfica dos locais de recolha de amostras de solo na cidade de Ouagadougou

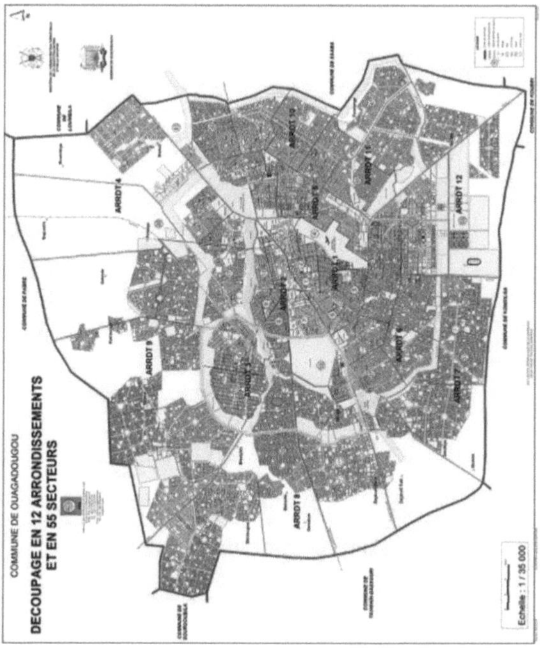

Fonte: Imagem Dr. Sawadogo P. Marcel

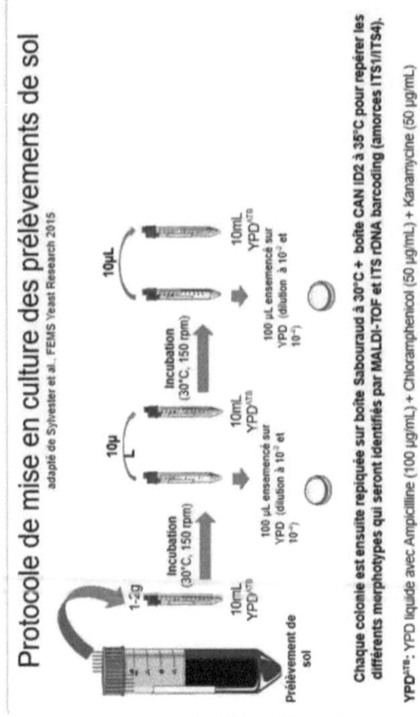

Figura 5: Protocolo de cultura para amostras de solo.

As diferentes estirpes foram semeadas em meio YPD (1% de extrato de levedura, 2% de peptona e 2% de dextrose) + Cloranfenicol e incubadas a 30°C numa incubadora com agitação, seguindo-se uma subcultura em meio Sabouraud + Cloranfenicol. Cada colónia obtida por cultura foi então subcultivada em meio Sabouraud a 30°C e depois em meio CAN ID2 a 35°C **(figura 6)** para identificar os diferentes morfotipos de Candida. Os morfotipos de Candida foram submetidos a um método de ionização por dessorção a laser assistida por matriz (MALDI-TOF) para identificação da estirpe **(figura 7)**. Apenas uma estirpe (S1R1Y1) de C. tropicalis foi incluída no nosso estudo.

Figura 6: Colónias de Candida subcultivadas em meio CAN ID2

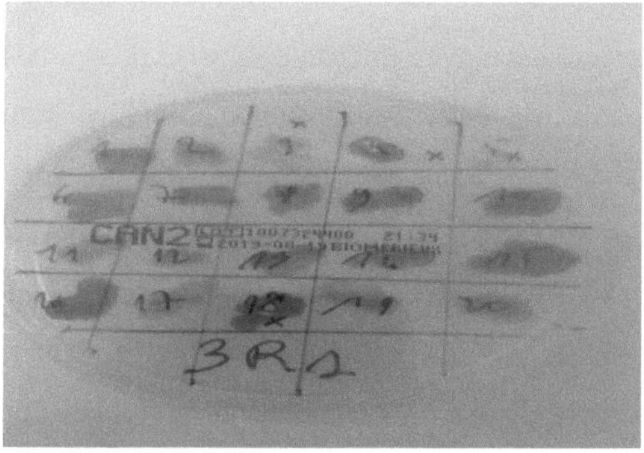

Fonte: fotografias do Dr. M. Sawadogo, 2019

Figura 7: apresentação das estirpes de Candida identificadas por MALDI-TOF

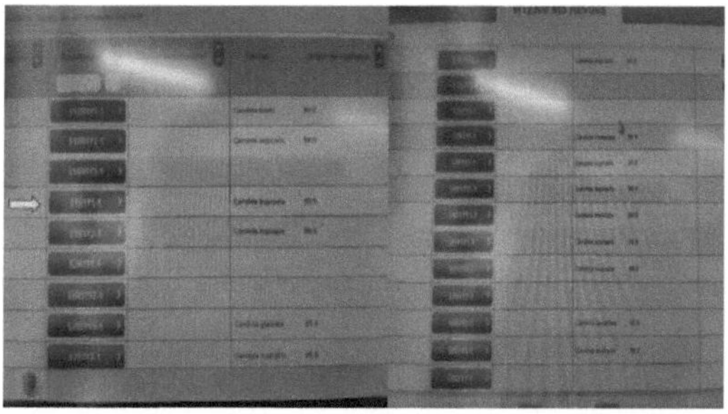

Fonte : Fotos Dr. M. SAWADOGO, Nantes 2019

I.3.2.3. Preparação de suspensões celulares

As diferentes estirpes de C. tropicalis cultivadas após 24 horas foram recolhidas e utilizadas para preparar as suspensões celulares. Cada estirpe foi suspensa em 1000µl de PBS

I.3.2.4. Inoculação de G. mellonella com uma estirpe de Candida tropicalis

As larvas foram selecionadas para injeção com base no seu peso (280 a 320 mg) e colocadas em placas de Petri esterilizadas. Foram constituídos lotes de 10 larvas saudáveis e desinfectados com álcool a 70% nos locais de injeção, ou seja, na última extensão esquerda ou direita. As larvas foram inoculadas com 20 µl/larva de suspensão celular em concentrações crescentes de 5.10^5, 1.10^6 e 5.10^6 unidades formadoras de colónias (UFC) da estirpe, utilizando uma seringa de insulina de agulha fina **(Figura 8)**. O inóculo foi preparado com uma solução de PBS. Um grupo de controlo recebeu 20µL/larva de PBS e os outros 03 receberam as concentrações acima referidas. Após a injeção, as larvas foram incubadas a 37°C sem alimentação. A melanização (que ocorre geralmente entre 30 e 60 min após a inoculação) foi observada, bem como a mortalidade a cada 24 h. O dia natural da morte pós-infeção foi registado para cada larva. A morte das larvas foi avaliada pela ausência de movimento das larvas em resposta a estímulos associados à descoloração da cutícula. As larvas mortas foram retiradas da placa de Petri que continha as restantes larvas viáveis. A mortalidade média foi calculada por dia para cada tipo de estirpe (estirpes não resistentes e resistentes) para cada inóculo. Os dados obtidos foram utilizados para determinar as curvas de sobrevivência. As experiências de sobrevivência terminaram 12 dias após a infeção. Uma estirpe é considerada virulenta se causar 100% de mortalidade nas larvas num máximo de 96 horas e com um determinado valor de UFC inoculadas.

Figura 8: Método de injeção de uma larva de G. mellonella na última prole.

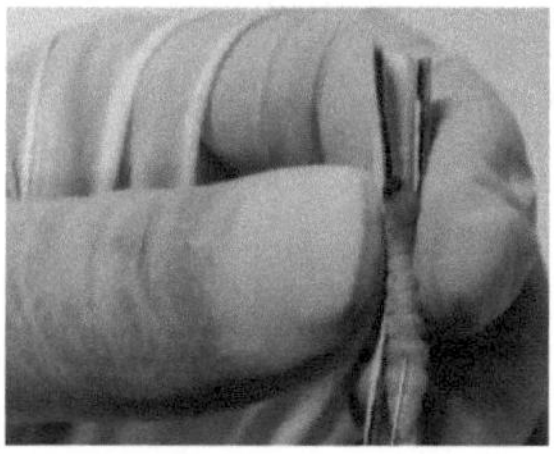

Fonte: Foto do Laboratório de Parasitologia-Micologia da UJKZ

I.4. Considerações éticas

As lagartas de Galleria mellonella não estão sujeitas à regulamentação aplicável aos vertebrados.

I.5. Processamento e análise de dados

Para o estudo de virulência, as curvas de mortalidade foram traçadas e examinadas utilizando o método Kaplan-Meier no XLSTAT 2020.1.2 (Addinsoft) para EXCEL e as diferenças foram determinadas utilizando o teste log-rank. A diferença foi considerada significativa com $p<0,05$.

II. Resultados

II.1. Resposta de C. tropicalis S1R1Y1 a agentes antifúngicos

A estirpe S1R1Y1 de C. tropicalis era resistente à anfotericina B, mas sensível ao fluconazol. O quadro II mostra a resposta da estirpe de C. tropicalis aos agentes antifúngicos.

Quadro II: Resposta da estirpe S1R1Y1 de C. tropicalis aos agentes antifúngicos

Estirpe S1R1Y1 de C. tropicalis

Antifúngico	que	S	I	R
AMB		--	--	R
FLC		S	--	--
MIC		S	--	--
KCA		S	--	--
NS		S	--	--
OCOL		S	--	--
ECN		S	--	--
MIC		S	--	--
S: sensível ;	I: intermédio ;	R: resistente ;	AMB: anfotericina B ;	FLC: fluconazol ;

MIC: miconazol; KCA: cetoconazol; NS: nistatina; CLO: clotrimazol; ECN: Econazol.

A figura 9 mostra uma ilustração do antifungaligrama para a estirpe de C. tropicalis

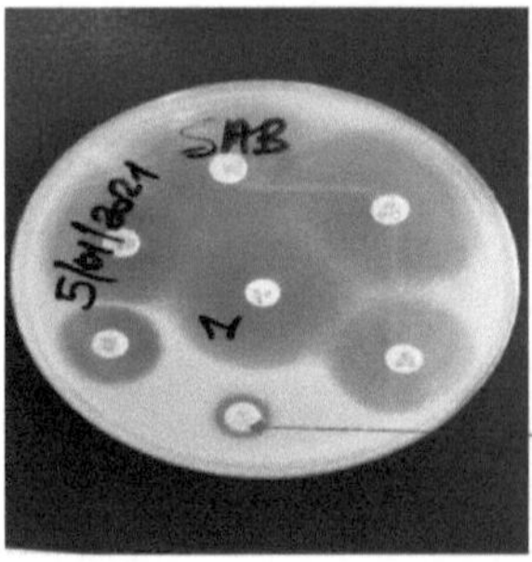

Figura 9: Antifungiograma utilizando a estirpe de C. tropicalis

II.2. Estudo da virulência da estirpe telúrica de C. tropicalis em função da quantidade de UFC de C. tropicalis

Os testes de virulência in vivo devem ser capazes de distinguir as concentrações mais virulentas das que têm pouca ou nenhuma virulência.

II.2.1. Melanização trinta (30) minutos após a inoculação em

Cem por cento das larvas dos lotes infectados com concentrações elevadas melanizaram 30 minutos após a inoculação. O quadro III mostra a taxa de melanização das larvas infectadas com as diferentes estirpes de C. tropicalis.

Tabela III: Taxa de melanização de G. mellonella 30 minutos após a inoculação de suspensões da estirpe em diferentes concentrações.

Groupe de *G. mellonella* par niveau de concentration	**Taux de larves mélanisées (%)**
G1 à 5.10^5	80
G2 à 1.10^6	100
G3 à 5.10^6	100
PBS (contrôle)	0

G = Groupe

II.2.2. Melanização uma (1) hora após a inoculação em

Verificámos que, à exceção do grupo inoculado com PBS, todas as larvas de G. mellonella melanizaram uma (1) hora após a inoculação.

II.2.3. Melanização duas (02) e vinte e quatro (24) horas após a inoculação

Os resultados foram semelhantes aos obtidos após a primeira hora. O lote de larvas que tinha recebido o PBS permaneceu intacto **(figura 10).**

Figura 10: Alterações físicas nas larvas de G. mellonella 1H após a inoculação com diferentes estirpes de C. tropicalis

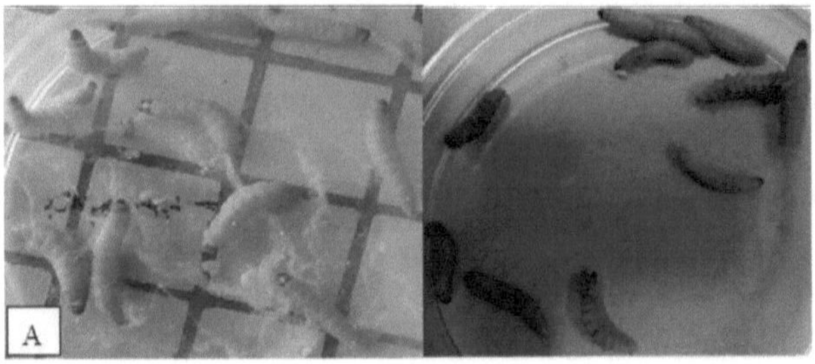

Fonte: Foto do Laboratório de Parasitologia-Micologia da UJKZ

A, o controlo e o lote injetado com PBS não apresentaram melanização.

B, lote com uma carga fúngica de 5.10^6 UFC/planta; nota-se uma melanização abundante

II.2.4. Sobrevivência de 12 dias das larvas de G. mellonella inoculadas com a suspensão da estirpe S1R1Y1

A sobrevivência foi comparada com a do lote de larvas que receberam apenas injeção com PBS.

A figura 11 resume a taxa de sobrevivência das larvas em função do tempo.

Figura 11: Sobrevivência de grupos de larvas de G. mellonella após infeção com diferentes inóculos de C. tropicalis.

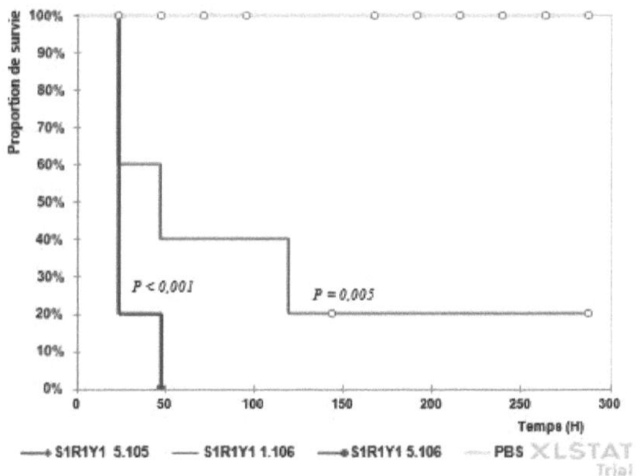

Não foi observada qualquer mortalidade no lote injetado com PBS.

Para a concentração de inóculo de $5{,}10^5$ UFC, observou-se um tempo médio de sobrevivência de 67,20 ± 14,9 horas (p<0,05) e uma taxa de sobrevivência de 10% do lote de larvas ao final de 12 dias. A taxa de mortalidade observada no lote que recebeu o inóculo de $1{,}10^6$ UFC foi semelhante à do lote que recebeu o inóculo de $5{,}10^6$ UFC, sendo o tempo médio de sobrevivência para estes dois lotes de 28,8± 3,2H (p<0,05). Para ambos os lotes, observou-se 100% de mortalidade após 48 horas.

III. Discussão

III.1. Limitações do nosso estudo

As limitações e dificuldades encontradas no decurso deste estudo foram:

Número insuficiente de larvas de G. mellonella, o que teve a seguinte desvantagem:

- A restrição do número de larvas por lote foi estabelecida durante a experiência. Poderíamos ter criado lotes com um grande número de larvas para uma melhor amostragem.

- Não repetibilidade da experiência: idealmente, a experiência deve ser repetida pelo menos duas vezes nas mesmas condições.

- A limitação na seleção das estirpes; de facto, apenas a estirpe S1R1Y1 de C. tropicalis foi utilizada durante a experiência. Teria sido mais interessante utilizar várias estirpes desta espécie para comparar a sua virulência.

- A limitação na diversificação das concentrações da suspensão de levedura durante a experiência; poderiam ter sido utilizadas concentrações intermédias para avaliar melhor a virulência da estirpe dependente da concentração.

- O estudo da sensibilidade aos antifúngicos foi efectuado in vitro; o perfil de sensibilidade das larvas aos antifúngicos poderia ter sido determinado injectando simultaneamente nas larvas suspensões de leveduras nas concentrações utilizadas e antifúngicos e observando o tempo de sobrevivência das larvas.

III.2. Escolha do modelo de G. mellonella para o nosso estudo

O modelo tradicional mais conhecido e utilizado há mais tempo é o modelo do rato. No entanto, considerações éticas, económicas e logísticas limitam a utilização de mamíferos em experiências de infeção, nomeadamente quando a questão colocada exige um grande número de cobaias. Foram desenvolvidas abordagens alternativas, em especial utilizando Caernorhabditis elegans, Drosophila melanogaster e larvas de G. mellonella como hospedeiros [42]; A utilização de larvas de G. mellonella é interessante na medida em que: A criação de G. mellonella não é tecnicamente exigente, nem em termos de plano financeiro;

O tamanho relativamente grande das larvas torna-as fáceis de manusear; as larvas podem ser mantidas a temperaturas próximas das dos mamíferos, o que não é o caso de outros invertebrados. Foi demonstrado que a temperatura afecta a expressão de caraterísticas de virulência da Candida [28] ;

O sistema imunitário das larvas tem semelhanças funcionais e estruturais com o sistema imunitário inato dos mamíferos [16, 36, 37, 38, 39].

Em comparação com o modelo de infeção murina, frequentemente descrito com base em experiências efectuadas em ratos, Brennan et al. em 2002 [51], em Montreal, referiram que existia uma forte correlação na virulência das estirpes de C. albicans entre os modelos murinos e a G. mellonella. Diferentes concentrações de treze estirpes de C. albicans inoculadas em grupos destes dois hospedeiros revelaram esta forte correlação.

III.3. Resposta de C. tropicalis S1R1Y1 a agentes antifúngicos

A estirpe telúrica de C. tropicalis era resistente ao AMB e sensível ao FLC; o AMB, um polieno, liga-se covalentemente ao ergosterol para formar poros na membrana plasmática através dos quais os electrólitos passam incontrolavelmente e causam a morte do fungo [43]. Fitzpatrick et al em 2006, Mesa-Arango et al em 2014, Young et al em 2003, [23, 44, 45] nos seus estudos sobre os mecanismos de resistência das estirpes de C. tropicalis ao AMB mostraram que esta resistência estava associada a várias alterações no interior da levedura; notaram uma diminuição significativa na quantidade de ergosterol na membrana da levedura. devido a uma mutação nos genes ERG. Além disso, a microscopia eletrónica de transmissão (TEM) mostrou que a parede celular destas estirpes estava anormalmente espessada. Assumimos que a resistência conferida à estirpe S1R1Y1 ao AMB é uma resistência adquirida, dado que a maioria das estirpes de C. tropicalis são naturalmente sensíveis ao AMB; este facto poderia ser explicado pela utilização irracional do AMB.

III.4. Melanização das larvas após inoculação

Não se observou melanização nas 24 horas seguintes à injeção de PBS. No entanto, foi feita a observação oposta com lotes de larvas inoculadas em diferentes concentrações com a estirpe C. tropicalis. A melanização foi observada em 100% destas larvas uma hora após a injeção do inóculo. Estudos [16, 47] sugerem que a melanização observada se deve à formação e acumulação de melanina na hemolinfa das larvas. Esta melanização reflecte a ativação do sistema imunitário em resposta à infeção. A resposta de melanização pode ser descrita como a síntese e a deposição de melanina para encapsular a levedura no local da ferida, seguida de hemolinfocoagulação semelhante ao sistema de complemento dos mamíferos e opsonização [17]. Além disso, a observação de larvas injectadas com PBS durante 24 horas mostra que a rutura causada pela agulha da seringa não conduz à melanização. Shokal et al em 2017 [48] aceitam que, embora a melanização seja um componente essencial do sistema imunitário de G. mellonella, deve regular firmemente os inibidores específicos de protease para permitir a deposição precisa de melanina para circunscrever a infeção e reduzir a toxicidade da levedura; Acreditamos que, em inóculos relativamente altos, esse mecanismo regulador se torna sobrecarregado e a melanização tende a se estender por toda a hemolinfa larval.

III.5. Estimativa da virulência da estirpe de C. tropicalis de acordo com a quantidade de CFU

O tempo de sobrevivência e a taxa de mortalidade da concentração dependente do inóculo das larvas foram utilizados como critérios de virulência para a estirpe C. tropicalis e os inóculos mínimo e máximo foram $5{,}10^5$ e $5{,}10^6$ CFU/larva. Estas concentrações estão próximas das referidas na literatura para estudos experimentais utilizando a G. mellonella. A solução PBS foi escolhida como controlo para a injeção de larvas, de acordo com as experiências com modelos de infeção por insectos descritas na literatura. A sobrevivência média para o lote de larvas inoculadas com $5{,}10^5$ UFC foi mais longa do que a observada com os inóculos de 10^6 e $5{,}10^6$ UFC (67,20 ± 14,9H e 28,8± 3,2H, respetivamente) e 10% das larvas sobreviveram para além das 96 horas; a estirpe S1R1Y1 de C. tropicalis não é, por conseguinte, virulenta a uma concentração de $5{,}10^5$ UFC para larvas de G. mellonella. Mesa-Arango et al. na Colômbia, em 2013 [49], na sua experiência com estirpes clínicas de C. tropicalis, encontraram um tempo médio de sobrevivência larvar mais longo, 211,2 ± 28,8 H e 151,2 ± 28,8 H para concentrações de $5{,}10^5$ e 10^6, respetivamente. A baixa virulência observada a baixas concentrações de inóculo pode ser explicada pela fagocitose eficiente da levedura pelos hemócitos de G. mellonella. Mesa-Arango et al [49] sugeriram, depois de comparar a densidade de hemócitos antes e depois da injeção de PBS e suspensões de C. tropicalis, que o número de hemócitos diminuiu significativamente em concentrações elevadas dentro de 2 a 7 horas. Os nossos resultados são semelhantes aos obtidos por Kafando em 2020 [50] em Ouagadougou, que encontrou uma sobrevivência larvar de mais de 200 horas a uma concentração de 5.10^5 mas com várias estirpes clínicas de C. albicans. A relação entre a taxa de mortalidade larvar, o tempo de sobrevivência e a concentração do inóculo foi estatisticamente significativa ($p<0{,}05$). Em geral, uma concentração mínima de $1,10^6$ UFC foi suficiente para causar 100% de letalidade. A estirpe telúrica S1R1Y1 é, por conseguinte, virulenta para as larvas a uma concentração mínima de $1,10^6$ UFC.

CONCLUSÃO

Nas últimas décadas, a Candida tropicalis tem sido responsável por uma proporção significativa das espécies de Candida implicadas na candidíase de raiz profunda e na candidemia nas regiões tropicais. A anfotericina B, que há muito tempo é o agente antifúngico de escolha para o tratamento da candidíase de raiz profunda, está a mostrar resistência à estirpe de Candida tropicalis na nossa experiência. O modelo de infeção por G. mellonella provou recentemente ser um modelo adequado para analisar os factores de virulência dos fungos como alternativa às experiências em mamíferos, para as quais a bioética constitui uma barreira. No nosso contexto, este modelo de infeção de invertebrados, tal como o de G. mellonella, poderia ser utilizado como "padrão de ouro" para estudos comparativos da virulência de diferentes espécies dentro do mesmo género de fungos ou bactérias, ou mesmo da virulência de estirpes da mesma espécie.

SUGESTÕES

No final do nosso estudo, gostaríamos de fazer algumas sugestões às autoridades, ao pessoal médico, aos farmacêuticos e aos doentes.

► As autoridades (direção do hospital UFR/SDS e Ministério da Saúde)

- Reforçar os meios técnicos do serviço de Parasitologia-Micologia do CHU-YO para um diagnóstico mais eficaz da candidíase;
- Fornecer formação contínua ao pessoal médico sobre a gestão da candidíase;
- Equipar melhor o laboratório de Parasitologia-Micologia da UFR/SDS para melhorar a cultura entomológica.

► Pessoal médico

- Evitar a prescrição de agentes antifúngicos antes de qualquer antifúngico

► Farmacêuticos

- Só dispensar antifúngicos mediante a apresentação de uma receita médica

► Aos doentes

- Evitar a auto-medicação com antifúngicos;
- Respeitar rigorosamente os conselhos, as indicações terapêuticas e as instruções dadas pelos prestadores de cuidados de saúde.

REFERÊNCIAS

1. Lass-Florl C. The changing face of epidemiology of invasive fungal disease in Europe. Mycoses. 2009, 52(3), 197-205.

2. Rüping M.J.G.T., Vehreschild J.J., & Cornely O.A. Patients at High Risk of Invasive Fungal Infections. Drugs. 2008, 68(14), 1941-1962.

3. Samaranayake L., Fidel P., Naglik S., Teanpaisan R., Coogan M., Wanzala P. Infecções fúngicas associadas à infeção pelo VIH. Oral Diseases. 2002, 8(s2), 151-160.

4. Hagerty J.A., Ortiz, J., Reich D., & Manzarbeitia C. Fungal Infections in Solid Organ Transplant Patients. Surgical Infections. 2003, 4(3), 263-271.

5. Kojic E.M., Darouiche R.O. Infecções por Candida em dispositivos médicos. Clinical Microbiology Reviews. 2004, 17(2), 255-267.

6. Calderone R., Latgé J.-P. Host-microbe interactions: fungi invasive human fungal opportunistic infections. Opinião atual em microbiologia. 2002, 5(4), 355-358.

7. Bassetti, M., Righi E., Costa A., Fasce R., Molinari M.P., Rosso R., Viscoli C. Epidemiological trends in nosocomial candidemia in intensive care. BMC Infectious Disease. 2006, 6(1).

8. Diekema, D., Pfaller M., Jones R. (2002). Age-related trends in pathogen frequency and antimicrobial susceptibility of bloodstream isolates in North America (Tendências relacionadas com a idade na frequência de agentes patogénicos e suscetibilidade antimicrobiana de isolados da corrente sanguínea na América do Norte). International Journal of Antimicrobial Agents. 2002, 20(6), 412-418.

9. Gamaletsou M.N., Walsh T.J., Zaoutis T., Pagoni M., Kotsopoulou M., Voulgarelis M., Sipsas N. V. Um estudo prospetivo, de coorte e multicêntrico da candidaemia em doentes adultos hospitalizados com doenças hematológicas.

Clinical Microbiology and Infection. 2014, 20(1), 050-057.

10. Leung A.Y., Chim C.S., Ho P.L., Cheng V.C., Yuen K.Y., Lie A.K., Au W.Y., Liang R., Kwong Y.L. Candida tropicalis fungaemia em doentes adultos com neoplasias hematológicas: caraterísticas clínicas e factores de risco. J Hosp Infect. 2002, 50, 316-319.

11. Nucci M., Colombo A. L. Candidemia por Candida tropicalis: caraterísticas clínicas, epidemiológicas e microbiológicas de 188 episódios ocorridos em hospitais de cuidados terciários. Diagn Microbiol Infect Dis. 2007 58, 77-82.

12. Yang Y.L., Cheng M.F., Wang C.W., Wang A.H., Cheng W.T., Lo H.J. A distribuição das espécies e a suscetibilidade à anfotericina B e ao fluconazol dos agentes patogénicos de leveduras isolados de locais esterilizados em Taiwan. Med Mycol. 2009 ; 1-7.

13. Kothari A., Sagar V. Epidemiology of Candida bloodstream infections in a tertiary care institute in India. ndian J Med Microbiol Apr-Jun 2009, 27(2):171-2.

14. Verma A.K., Prazad K.N. Singh M. et al. Candidaemia em pacientes de um hospital de cuidados de saúde terciários do norte da Índia; Indian J. Med Res. 2003, 117:122-8.

15. Sangaré I., Sirima C., Bamba S., Zida A., Cissé M., Bazié W.W., Sanou S., Dao B., Menan H., Guiguemdé R.T. Prevalência da candidíase vulvovaginal na gravidez em três centros de saúde do Burkina Faso. Myc Med N°726. 2017; 7p

16. Jia-Yun Tsai C., San-Loh J. M., Proft T. Modelos de infeção por Galleria mellonella para o estudo de doenças bacterianas e para testes de medicamentos antimicrobianos, Virulence. 2016, 7:3, 214-229.

17. De-Dong Li, Li Deng, Gan-Hai Hu, & al. Using Galleria mellonella-Candida albicans Infection Model to Evaluate Antifungal Agents. Biol. Pharm. Bull. 2013, 36(9) 1482-1487

18. Barnett J.A., Payne, R.W. e Yarrow D. Yeasts: Characteristics and Identification. Cambridge University Press 3ª edição. 2000.

19. Gary C., Sean D., Kavanagh K. Desenvolvimento de um modelo de inseto para o teste de patogenicidade in vivo de leveduras. FEMS Immunology and Medical MicrobiologyN°27. 2000, 163-169.

20. James T.Y., Kauff F., & al. Reconstruindo a evolução inicial dos fungos usando uma filogenia de seis genes. Nature 2006, 443 :818-22.

21. Calderone R.A. e Fonzi W.A. Factores de virulência de Candida albicans. Trends Microbiol. 2001, 9(7): 327-35.

22. Silva S., Melyssa M., Henriques M., & al. Candida glabrata, Candida parapsilosis e Candida tropicalis: biologia, epidemiologia, patogenicidade e resistência antifúngica. FEMS Microbiol Rev 36.2012 ; 288-305.

23. Fitzpatrick D.A., Logue M.E., Stajich J.E., Butler G. A fungal phylogeny based on 42 complete genomes derived from supertree and combined gene analysis. 2006; BMC Evol Biol 6 :99.

24. Gow N.A.R., Van der Veerdonk F.L., Brown A.J.P, Netea M.G. Candida albicans morphogenesis and host defence: discriminating invasion from colonization. Nat Rev Micro. 2012 Feb; 10(2):112-22.

25. Norice C.T., Smith F.J., Solis N., Filler S.G., Mitchell A.P. Requirement for Candida albicans Sun41 in biofilm formation and virulence. Eukaryotic Cell. 2007 Nov;6(11):2046-55.

26. Felk A., Kretschmar M., Albrecht A., & al. Candida albicans Hyphal Formation and the Expression of the Efg1-Regulated Proteinases Sap4 to Sap6 Are Required for the Invasion of Parenchymal Organs. Infect Immun. 2002 Jul 1; 70(7):3689-700.

27. Martin R., Wachtler B., Schaller M., Wilson D., Hube B.H. pathogen interactions and virulence-associated genes during Candida albicans oral infections. Jornal Internacional de Microbiologia Médica. 2011 Jun

1;301(5):417-22.

28. Shapiro R.S., Cowen L.E. Uncovering cellular circuitry controlling temperature-dependent fungal morphogenesis. Virulence 2012; 3:400-4; PMID:22722238;

29. Mayer F.L., Wilson D., Hube B. Candida albicans pathogenicity mechanisms. virulence. 2013 Feb 15; 4(2):119-28.

30. Brandhorst, T. T., Wuthrich, M., Finkel-Jimenez, B., Warner, T., & Klein, B. S. Exploiting Type 3 Complement Recetor for TNF- Suppression, Immune Evasion, and Progressive Pulmonary Fungal Infection. The Journal of Immunology. 2004 ;173(12), 7444- 7453.

31. Pereira T., de Barros P., Fugisaki L., & al. Recent Advances in the Use of Galleria mellonella Model to Study Immune Responses against Human Pathogens. J Fungi. 2018; 4: 128.

32. Ellis J.D., Graham J.R., Mortensen A. Standard methods for wax moth research. Jornal de Investigação Apícola. 2013;52, 1-17.

33. Ramarao N., Nielsen-Leroux C., Lereclus D. The Insect Galleria mellonella as a Powerful Infection Model to Investigate Bacterial Pathogenesis. Jornal de Experiências Visualizadas. 2012; 1-7.

34. Jorjao A.L., Oliveira L.D., Scorzoni L., & al. (2017) De mariposas a lagartas: Condições ideais para criação de Galleria mellonella para estudos microbiológicos in vivo. Virulence, 5594, 00-00.

35. Kwadha C.A, Ong'Amo G.O., Ndegwa P.N., Raina S.K., Fombong A.T. The biology and control of the greater wax moth, Galleria mellonella. Insectos. 2017; 8, 1-17.

36. Sheehan G., Garvey A., Croke M., Kavanagh K. Defesas imunitárias humorais inatas em mamíferos e insectos: o mesmo, com diferenças? Virulência 2018; 9: 1625-39.

37. Kavanagh K., Reeves E. Exploiting the potential of insects for in vivo pathogenicity testing of microbial pathogens. FEMS Microbiol Rev 2004; 28: 101-12.

38. Tsai C.J., Loh J.M., Proft T. Galleria mellonella infection models for the study of bacterial diseases and for antimicrobial drug testing. Virulence. 2016 ; 7: 214-29.

39. Reeves E.P., Messina C.G.M., Doyle S., Kavanagh K. Correlação entre a produção de gliotoxina e a virulência de Aspergillus fumigatus em Galleria mellonella. Mycopathologia. 2004; 158:73-9.

40. Sudbery PE. Growth of Candida albicans hyphae (Crescimento de hifas de Candida albicans). Nat Rev Microbiol. 2011 Oct; 9(10):737- 48.

41. Raneri, M., Pinatel, E., Peano, C., Rampioni, G., Leoni, L., Bianconi, I., . Briani, F. Mutantes de Pseudomonas aeruginosa defeituosos na captação de glicose têm fenótipo pleiotrópico e virulência alterada em modelos de infeção não-mamíferos. Relatórios Científicos. 2018 8(1).

42. Imran M, Desmasures N, Coton M, et al. Avaliação da segurança de bactérias Gram-negativas associadas a queijos franceses tradicionais. Food Microbiol 2019; 79: 1-10.

43. Accoceberry I. e Noel T. "Antifungals cellular targets and mechanisms of resistance" (Alvos celulares dos antifúngicos e mecanismos de resistência). Therapie 2006: 61(3): 195-9.

44. Mesa-Arango A.C, Trevijano-Contador N., Roman E., Sanchez-Fresneda R., Casas C., Herrero E., Arguelles J.C., Pla J., Cuenca-Estrella M., Zaragoza O. A produção de espécies reactivas de oxigénio é um mecanismo de ação universal da anfotericina B contra leveduras patogénicas e contribui para o efeito fungicida deste medicamento. Antimicrob Agents Chemother. 2014; 58: 6627-6638.

45. Young L.Y., Hull C.M., Heitman J. A perturbação da biossíntese de ergosterol confere resistência à anfotericina B em Candida lusitaniae.

Antimicrob Agents Chemother. 2003; 47:2717-2724.

46. **Perini Hugo F., Alane T.P., Moralez R.S.C & al.** Mudança fenotípica em Candida tropicalis altera as interações patógeno-hospedeiro em um modelo de infeção por Galleria mellonella. Em Scientific Reports, publicado online: 29 de agosto de 2019.

47. **Koenig H.** Guia de Micologia Médica. Coleção Ellipses; 1995.

48. **Shokal U, Eleftherianos I.** Evolution and function of thioester-containing proteins and the complement system in the innate immune response (Evolução e função das proteínas que contêm tioésteres e do sistema do complemento na resposta imunitária inata). Front. Immunol. 2017; 8.

49. **Mesa-Arango A.C., Forastiero A., Nez L. B., Cuenca-Estrella M., Mellado E. & Oscar Zaragoza O.** O hospedeiro não-mamífero Galleria mellonella pode ser utilizado para estudar a virulência do fungo patogénico Candida tropicalis e a eficácia dos medicamentos antifúngicos durante a infeção por esta levedura patogénica. Laboratório de Referência de Micologia, Centro Nacional de Microbiologia. Colômbia; em Medical Mycology julho de 2013, 51, 461-472.

50. **Kafando C.** Estudo in vivo da virulência de estirpes clínicas de Candida albicans resistentes ao fluconazol ou à anfotericina B segundo o modelo Galleria mellonella. Tese de doutoramento em Farmácia, Ouagadougou (Burkina Faso); maio de 2020, N°199, 146p.

51. **Brennan M., Thomas D.Y., Whiteway M., Kavanagh.** Correlação entre a virulência de mutantes de Candida albicans em ratos e larvas de G. mellonella. FEMS Immunology and edical Microbiology 34. 2002 ; 135-157

APÊNDICES

Apêndice 1: Protocolo de cultivo de amostras de solo

Fase 1: Cultura em meio YPD/agar + Ampicilina + Cloranfenicol + Canamicina

- Incubar cada amostra em 10 mL de YPD + 100 Ug/UL de ampicilina (preparação de ampicilina, 100mg em 1mL ou 500UL de água destilada e 500UL de etanol= 100mg/mL)+ 50 Ug/L de canamicina e 50 Ug/L de cloranfenicol.

- As amostras são incubadas com o controlo

- Incubação : 30°C

- Observação do crescimento. Após 24 horas, turbidez do meio em comparação com o controlo (sem turbidez).

- Deixar crescer durante mais 24 a 48 horas

Etapa 2: Reprodução de novo em YPD/agar

Etapa 3: Transplante para gelose de sabouraud (meio cromogénico)

Etapa 4: Identificação

- Maldi-tof

- PCR (Reação em cadeia da polimerização)

Apêndice 2: Técnica de enchimento da célula de Malassez com suspensões de estirpes

Depois de preparar a suspensão da estirpe de C. tropicalis, homogeneizámos a suspensão e recolhemos amostras com uma pipeta Pasteur, enchendo a câmara de contagem por ação capilar. O enchimento foi efectuado numa única operação, sem ar e sem transbordar o líquido para os canais.

✓ **Contagem de células de C. tropicalis na célula de Mallassez**

Começámos por observar com a objetiva x10 para localizar a posição e verificar a homogeneidade da distribuição das células a contar e, em seguida, observámos com a objetiva x40 para contar o C. tropicalis. Após a contagem, calculámos a carga fúngica da suspensão da estirpe de C. tropicalis utilizando a fórmula abaixo:

$$\mathbf{N = (n / v).f}$$

Com: - **n=** número de C. tropicalis contados,

- v= volume da suspensão de levedura,

-f= fator de diluição,

N= número de C. tropicalis por microlitro (o volume correspondente à grelha total da célula de Malassez é igual a 1µL).

✓ **Método de diluição para suspensões celulares**

Depois de determinar a carga fúngica da suspensão da estirpe telúrica, efectuámos uma série de diluições a concentrações variáveis de $5{,}10^5$; $1{,}10^6$ e $5{,}10^6$ UFC utilizando a fórmula abaixo:

$$C1.V1 = C2.V2$$

Sendo: - **C1**= a concentração inicial da suspensão celular

V1= o volume inicial da suspensão celular

-C2=concentração final da suspensão celular

V2= volume final da suspensão celular.

Aplicação numérica: Deformação S1R1Y1

- Contámos 25.000 C. tropicalis
- A solução foi diluída 1:10e
- O volume de contagem é igual a 1µL
- A quantidade de suspensão de C. tropicalis a inocular em cada larva é de 20µL.

Aplicação numérica: N= (25.000 C. tropicalis/1µL) x 10 x 20µL=

5.10^6UFC/20µL

A concentração da suspensão de stock S1R1Y1= 5.106CFU/20µL

Apêndice 3: Fotografias

Oviposição de fêmeas de G. mellonella: vários ovos depositados em papel branco.

A: Ingredientes necessários para preparar alimentos para G. mellonella

B: reparação de alimentos para

Os ingredientes secos (200 gramas de farinha de trigo e 300 gramas de aveia) foram misturados com 10 gramas de mel.

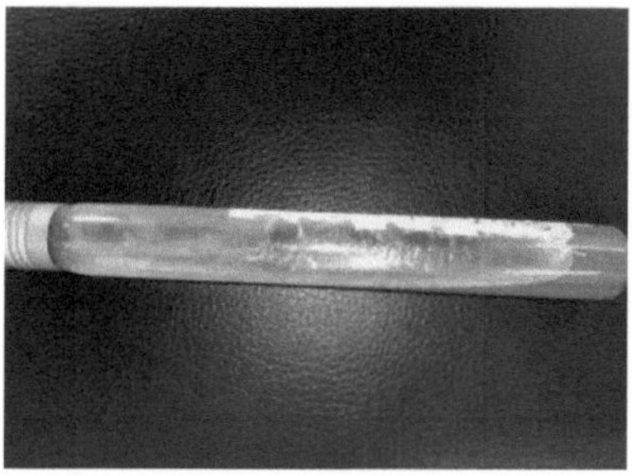

Foto: Estirpe S1R1Y1 de C. tropicalis em meio SC

RESUMO

***Título**: Estudo in vivo da virulência de uma estirpe telúrica de Candida tropicalis utilizando o modelo Galleria mellonella*

***Introdução** :*

A incidência de infecções fúngicas em humanos tem aumentado nas últimas décadas, variando de casos superficiais a sistémicos. A Candida tropicalis é uma das espécies de Candida não albicans mais temidas, associada à candidíase profunda e sistémica, sendo responsável por 3 a 66% dos isolados de sangue em todo o mundo. No Burkina Faso, os estudos de virulência fúngica utilizando o modelo invertebrado estão ainda numa fase preliminar. O objetivo do nosso estudo é avaliar a virulência in vivo de uma estirpe telúrica de C. tropicalis resistente à anfotericina B utilizando o modelo de G. mellonella.

Materiais e métodos

Trata-se de um estudo experimental prospetivo. Para estimar a virulência, lotes de 10 larvas saudáveis pesando entre 280 e 320mg foram inoculados com uma estirpe telúrica de Candida tropicalis identificada por MALDI-TOF. As larvas foram inoculadas com 20µl de suspensão celular em concentrações crescentes de $5,10^{5}$*,* $1,10^{6}$ *e* $5,10^{6}$ *CFU. Foi incluído um grupo de controlo injetado com 20µL de solução salina tamponada com fosfato (PBS) estéril. Após incubação a 37°C, a melanização e a morte das larvas foram observadas a cada 24 horas. A experiência foi terminada após 12 dias; uma estirpe foi considerada virulenta se causasse 100% de mortalidade larvar durante um máximo de 96 horas. Os resultados foram analisados utilizando o método Kaplan-Meier no XLSTAT 2020.1.2; a diferença foi considerada significativa para* $p<0,05$*.*

Resultados

A estirpe estudada era resistente à anfotericina B, mas sensível a seis outros agentes antifúngicos. Cem por cento das larvas melanizaram 30 minutos após a inoculação a concentrações de 1.10^6 e 5.106 CFU/larva. Uma hora mais tarde, todas as larvas sofreram melanização, exceto no grupo com uma única injeção de PBS, no qual nenhuma larva sofreu melanização. Não foi observada qualquer mortalidade no grupo PBS; no entanto, foi observada uma mortalidade de 100% após 48 horas (p<0,001) nos dois grupos que receberam uma carga fúngica de 1,10^6 e 5,10^6 UFC/larva. Após 12 dias, 20% das larvas do grupo 5,$10^{(5)}$) sobreviveram (p=0,005). A estirpe de C. tropicalis não é, portanto, virulenta a uma concentração de 5,10^5 UFC; estimamos que é necessária uma concentração mínima de 1 10^6 UFC da estirpe para ser virulenta.

Conclusão

A Candida tropicalis é uma das causas de infecções graves. A anfotericina B, o agente antifúngico de eleição para o tratamento da candidíase de raiz profunda, está a revelar-se ineficaz contra a nossa estirpe. O modelo de G. mellonella, que é fácil de utilizar, poderia servir como padrão de ouro para experiências sobre a virulência de microrganismos fúngicos.

Palavras-chave: *virulência, in vivo, estirpe, telúrico, anfotericina B, Candida tropicalis, Galleria mellonella, MALDI-TOF, hemócitos, UFC, Burquina Faso*

Autor : *Hermann Jonas TAPSOBA ; Tel: (00226) 70667885/64229901*

Correio eletrónico :*ghermannjonast@gmail.com*

MIX
Papier aus verantwortungsvollen Quellen
Paper from responsible sources
FSC® C105338

Printed by Books on Demand GmbH, Norderstedt / Germany